# 比比谁算得快

## 乘法运算

贺 洁 薛 晨 ◎著 柳运男 ◎绘

数学的萌芽

北京科学技术出版社

　　暑假过得可真快，就像倒霉鼠吃奶酪一样，一下子就没了。开学第一天，倒霉鼠一蹦一跳地往学校走。

　　走进教室，他看到教室里一团糟——东一把椅子，西
一张桌子。

　　这时候，懒惰鼠慢悠悠地进来了。他打了个大哈欠，说：
"也不知道这些桌椅够不够用。咱们数一数吧！"
　　倒霉鼠点点头，行动起来。

　　倒霉鼠每摆好一套桌椅，懒惰鼠就在黑板上写一个1。
　　倒霉鼠累得满头大汗，懒惰鼠也不轻松。懒惰鼠要把这些1加起来，他数了好半天，才在等号后面写出了9。

　　不一会儿，老师和同学们都来了。

　　鼠老师向大家宣布了一个好消息：上个月去国外参加比赛的美丽鼠回来啦！

　　"大家好！这次参加比赛时，我学会了乘法，有机会和大家分享一下。"美丽鼠说。

　　紧接着，鼠老师又宣布了一个好消息："今天学校发新书，每位同学都将领到一本语文书和一本数学书！"

　　"发新书啦！"全班响起一片欢呼声！

"老师，我去帮大家领新书。"勇气鼠自告奋勇。

鼠宝贝班一共有9位同学，勇气鼠要领多少本书呢？鼠老师把这个问题交给了鼠宝贝们。

　　大家用各自的方法计算着。倒霉鼠在本子上算啊算："2加2，加2，加2，加2……一共要领18本书。"

捣蛋鼠画了一条数轴，懒惰鼠用一个小圆圈代表一本书。

$2 \times 9 = 18$

$2 \times 1 = 2$

　　这时，学霸鼠跳上讲台说："这个问题更适合用乘法计算，1人领2本新书，乘法算式是，**$2 \times 1 = 2$**。"

　　"是啊，9位同学，**$2 \times 9 = 18$**，就是18本。"美丽鼠补充道。

　　当大部分同学算出结果的时候，学霸鼠、美丽鼠和勇气鼠已经去领书了。

"每位同学要领的新书数量相同，都是 2 本，把 2 本书看作 1 份，9 位同学就是领 9 份。学霸鼠和美丽鼠注意到了这点，用乘法解决了这个问题。"鼠老师解释道。

　　"啊！原来当加法算式中每个加数相同的时候，就可以用乘法来计算啊！"鼠宝贝们明白了。

　　隔壁班的小青蛙进来说："鼠老师，您好！请去我们班领笔记本。每位同学领 3 本。"

　　"同学们，谁知道我们班一共需要领多少本笔记本呢？"鼠老师再次问道。

$$3 \times 9 = 27$$

　　倒霉鼠可不想再用加法那么辛苦地计算了。每位同学领 3 本笔记本，班里一共有 9 位同学。"我知道了！一共领 27 本。"倒霉鼠激动地喊了出来。

$$9 \times 2 = 18$$

　　领回笔记本时，懒惰鼠抱着 9 本笔记本，而倒霉鼠抱了 18 本笔记本，他领的笔记本的数量是懒惰鼠的 2 倍。

　　"做加法真辛苦，以后我都要用乘法计算。"懒惰鼠说。

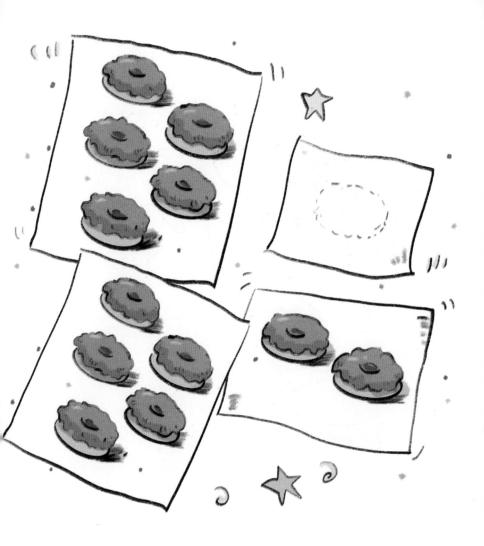

　　"乘法也不能随便用。上次发甜甜圈，你和勇气鼠各吃了 5 个，我吃了 2 个，学霸鼠 1 个没吃。算大家一共吃了多少个的话，能用乘法吗？"倒霉鼠眨了眨眼。

　　懒惰鼠答道："只有每份东西数量相同时，才能用乘法！"

倒霉鼠和懒惰鼠回到教室时，看到美丽鼠正在发言。

原来，鼠老师在黑板上写了一个新的乘法算式，他让大家说一说这个算式可以解决我们生活中的什么问题。

美丽鼠说:"我每天背 3 个单词,5 天一共能背 15 个单词。"

学霸鼠不愧是学霸,紧跟着说道:"我每天做 5 道口算题,3 天一共能做 15 道。"

下课后，懒惰鼠趁大家没注意，偷偷地把黑板上他写的 $1+1+1+1+1+1+1+1+1 = 9$ 擦掉了。

他把加法算式改成了一个乘法算式。
这个乘法算式是什么呢?

# 乘法口诀表

下面就是超级有用的乘法口诀表，快来找找其中的规律吧！

| | | | | | | | | |
|---|---|---|---|---|---|---|---|---|
| 1×1=1 | | | | | | | | |
| 1×2=2 | 2×2=4 | | | | | | | |
| 1×3=3 | 2×3=6 | 3×3=9 | | | | | | |
| 1×4=4 | 2×4=8 | 3×4=12 | 4×4=16 | | | | | |
| 1×5=5 | 2×5=10 | 3×5=15 | 4×5=20 | 5×5=25 | | | | |
| 1×6=6 | 2×6=12 | 3×6=18 | 4×6=24 | 5×6=30 | 6×6=36 | | | |
| 1×7=7 | 2×7=14 | 3×7=21 | 4×7=28 | 5×7=35 | 6×7=42 | 7×7=49 | | |
| 1×8=8 | 2×8=16 | 3×8=24 | 4×8=32 | 5×8=40 | 6×8=48 | 7×8=56 | 8×8=64 | |
| 1×9=9 | 2×9=18 | 3×9=27 | 4×9=36 | 5×9=45 | 6×9=54 | 7×9=63 | 8×9=72 | 9×9=81 |